André Miething

Wasser- und Wärmeressourcen im Haushalt

GRIN Verlag

Bibliografische Information der Deutschen Nationalbibliothek:

Die Deutsche Bibliothek verzeichnet diese Publikation in der Deutschen National-
bibliografie; detaillierte bibliografische Daten sind im Internet über http://dnb.d-
nb.de/ abrufbar.

Impressum:

Copyright © 2007 GRIN Verlag GmbH
Druck und Bindung: Books on Demand GmbH, Norderstedt Germany
ISBN: 978-3-638-92054-4

Dieses Buch bei GRIN:

http://www.grin.com/de/e-book/88238/wasser-und-waermeressourcen-im-haushalt

Studiengang : Bachelor of Arts
Fächerkombination:

Geburtsdatum:
Technische Universität Berlin
Fakultät I Geisteswissenschaften
AL-P3 : Haushaltwissenschaftliche Grundlagen der Arbeitslehre
SS 07

Wasser- und Wärmeressourcen im Haushalt

Hausarbeit

Inhaltsverzeichnis

<u>**I Einleitung**</u>

Was muss das nur für eine Zeit gewesen sein, als man noch für frisches Trinkwasser zum nächsten Brunnen oder Fluss laufen durfte oder für ein wenig Wärme Feuerholz hacken und anschließend in seinem Haus auf der Feuerstelle verbrennen musste?

Und auch wenn so mancher bei dieser Eingangsfrage an die Antike denkt, so war es das Mittelalter, das nämlich im Gegensatz zur Antike weder Wasser- bzw. Abwasserleitungen, noch ein anderes Heizungssystem als die Feuerstelle kannte.

Denn mit dem Untergang Roms und dem Beginn einer neuen geschichtlichen Epoche geriet viel Wissen in Vergessenheit und wurde erst im Laufe vieler Jahrhunderte wiederentdeckt.

Aber erst die letzten zwei Jahrhunderte brachten dann die Entdeckungen und Erfindungen, die nicht nur unseren Alltag erleichterten, sondern auch unserer Gesundheit zu Gute kamen.

Um heutzutage sauberes Trinkwasser aus dem Wasserhahn zu erhalten oder unsere Wohnung auf die gewünschte Raumtemperatur zu beheizen, betätigen wir nur noch ein paar Schalter.

Unsere Abwässer werden durch hochkomplizierte Wasserfiltersysteme gereinigt und während wir den Luxus des Leitungswassers im Haushalt gar nicht mehr wahrnehmen, sind im Gegensatz zur Wärme die Heizungssysteme schon lange aus der Wohnung verbannt worden.

Ziel dieser Arbeit ist es, einen kleinen Überblick über die Wärme- und Wasserressourcen im Haushalt zu geben. Dabei liegt das Hauptaugenmerk allerdings weder auf technischen Daten, noch auf kontinentalen oder kulturellen Unterschieden, sondern vielmehr auf der europäischen Geschichte der Trinkwasserversorgung und der Wärmeversorgung, wie auch auf möglichen Zukunftsperspektiven.

Ebenfalls möchte ich an dieser Stelle erwähnen, dass sich diese Hausarbeit an der zuvor im Seminar gehaltenen Präsentation orientiert, die als Anhang dieser Hausarbeit beigefügt wurde, und ich daher nicht den Anspruch der Vollständigkeit erhebe, zumal dies wohl schon aufgrund der Fülle der Daten dieser beiden großen Themenkomplexe unmöglich wäre.

Alle folgenden Jahresangaben sind - wenn nicht anders bestimmt - nach Christus.

II Hauptteil

2.1 Die Geschichte der Wasserversorgung

2.1.1 Von den Anfängen bis zum Mittelalter

Die Geschichte der Trinkwasserversorgung eines Haushaltes beginnt um etwa 1300 v.Chr. in der Hochkultur, die für ihre architektonischen Meisterleistungen bekannt geworden ist und angeblich unter dem Herrscher, der wohl wie kein anderer Pharao so viele Bauten in Auftrag gab.[1] Die Rede ist natürlich von Ägypten und dem Pharao Ramses II., der anscheinend den ältesten Überlieferungen nach die erste Wasserleitung in seinen Königspalast verlegen ließ.[2]

Somit besaß Ramses II. den ersten privaten Haushalt in der uns überlieferten Geschichte, der sozusagen über einen Wasseranschluss verfügte.

Aber auch der babylonische König Nebukadnezar II.(605 -562 v. Chr.) muss an dieser Stelle mit seinem wohl ebenso berühmten, wie auch legendären Bauwerk „Die Hängenden Gärten der Semiramis in Babylon" erwähnt werden. Denn dieses um etwa 600 v.Chr. errichtete Bauwerk, wenn es jemals so existiert hat, wie es die antiken Geschichtsschreiber tradiert haben, muss für damalige Zeiten eine nicht nur ingenieurtechnische Meisterleistung gewesen sein, sondern auch ein „[...] ausgefeiltes hydraulisches System zur Wasserversorgung [...]"beinhaltetet haben,[3] welches dem Terrassengarten sogar die Bezeichnung als eines der sieben antiken Weltwunder bescherte. Zwar gibt es reichlich Theorien über dieses System, aber die Verbreitetste ist wohl die, dass das Wasser in Krügen „Mit einer Art Förderband [...] zur obersten Plattform transportiert [...] und von da aus in ein feines Netz von Röhren oder Kanälen gespeist [...]" wurde.[4]

Da die älteste Überlieferung einer Liste der Weltwunder auf den griechischen Geschichtsschreiber Herodot (etwa 450 v. Chr.) zurückgeht, kann man durchaus vermuten, dass dieses hydraulische System nicht nur im Mittelmeerraum bekannt wurde, sondern auch zahlreiche Nachahmer fand.

Die Anzahl der Völker, die sich mit Hilfe von Wasserleitungen ihre Trinkwasserversorgung sicherten, nahm im Lauf der Jahrhunderte natürlich immer weiter zu, bis ein Stadtstaat Namens Rom den Wasserleitungen bzw. den sogenannten Aquädukten (lat. aqua = Wasser + lat. ductus = Führung, Leitung) eine ganz andere Größendimension verlieh. Zwar bestanden die Wasserleitungen der Römer zum Teil auch aus Holz, Blei oder Leder, aber die bekanntesten und für uns romtypischen Aquädukte wurden die Steinkanäle, die oft auf meterhohen Arkardenkonstruktionen, also auf gewölbten Bogenstellungen geführt wurden.

---

[1] vgl. **Lingen, Helmut**: Auf den Spuren versunkener Reiche. Glanz und Rätsel großer Kulturen, Köln 2005, S. 279
[2] vgl. **http://de.wikipedia.org/wiki/Wasserleitung**: Wasserleitung, 22. Juni 2007
[3, 4] **http://www.kristian-buesch.de/seven_wonders_of_the_world/semiramis.htm**: Die sieben Weltwunder der Antike. Babylon, 22. Juni 2007

Die erste Wasserleitung, die „aqua Appia", wurde um 312 v. Chr. erbaut, besaß eine beeindruckende Gesamtlänge von 17,6 km und funktionierte wie alle Folgenden nach dem Prinzip des Gefälles.[5] Doch im Vergleich zur „aqua Marcia" war ihre Länge wohl eher bescheiden, denn diese um 140 v. Chr. fertiggestellte Wasserleitung maß unglaubliche 91,2 km.[6]

Diese Längen und die Tatsache, dass die römische Ingenieure den Aquädukten durch hohe Pfeiler zusätzliche Höhe verliehen um sowohl dem Wasserraub, als auch Vergiftungen vorzubeugen, lassen erahnen, für wie wichtig die Römer ihre Wasserversorgung erachteten.[7] An der Stelle sollte wohl auch erwähnt werden, dass in der Kaiserzeit sogar ein Amt eingeführt wurde, deren Beamter, der sogenannte „curator aquarum" (Wächter des Wassers), ausschließlich die optimale Wasserversorgung zu gewährleisten hatte.

Die aus den Bergen abgeleiteten Wassermengen wurden dann in einem städtischem Reservoir gespeichert und an Brunnen, Badeanstalten, öffentliche Toiletten und an private Hausanschlüsse geleitet, wobei sich natürlich nur Wohlhabende einen solchen Wasseranschluss leisten konnten.

Glaubt man jedoch der Behauptung, dass pro Tag etwa „1.080.000 Kubikmeter Wasser" in die römische Hauptstadt hineinflossen,[8] so wird einem verständlich, dass eine dermaßen große Wassermenge auch wieder geordnet aus der Stadt abgeleitet werden musste. Zwar hatten auch die Ägypter und andere Mittelmeerkulturen schon lange vor den Römern sowohl ober-, als auch unterirdische Abwasseranlagen entworfen und gebaut, doch erst die Römer perfektionierten diese Abwasserentsorgung in Form der „Maxima Cloaxca" (lat. cloaca = Entwässerungskanal, lat. maxima = die Beste, die Größte). Dieser um etwa 500 v.Chr. gebaute Abwasserkanal leitete die Abwässer der Stadt einfach aufgrund eines Gefälles in Richtung des Tibers ab und wurde allein durch Überschusswasser gereinigt. Da es jedoch nicht jeden Tag regnete, kann man sich durchaus vorstellen, wie es im prächtigen Rom gestunken haben muss.

Doch der Stadtstaat Rom währte wie die Geschichte zeigt nicht ewig. Als das römische Weltreich ab etwa 300 n.Chr. allmählich auseinanderbrach, zerfielen auch die römischen Bauwerke wie Brücken und Aquädukte oder wurden ähnlich wie das Colosseum einfach „ausgeschlachtet", da das Wissen um den Bau, die Wartung und die Reparatur dieser Bauwerke schlichtweg mit der Zeit verloren gegangen war. Und so ist es nicht verwunderlich, dass das Mittelalter eher einen Rückschritt in der Trinkwasserversorgung darstellte, denn diese basierte nun wie schon zu Beginn der Antike auf Grundwasser (z.B. Ziehbrunnen), natürlichen Gewässern und Quellwasserleitungen.

[5, 6] **http://www.leibniz-gymnasium.de/upload/projekte/alltag_rom/wasser/fwasser.html**: Wassernutzung im alten Rom, 16. Juli 2007
[7] vgl. **Krüger, Hans-Werner**: Trinkwasser. Ein Lebensmittel in Gefahr, Frankfurt/M. /Berlin/ Wien 1982, S. 16 ff
[8] **http://www.leibniz-gymnasium.de/upload/projekte/alltag_rom/wasser/verteilung.html**, 16. Juli 2007

Norman Smith bezeichnet die folgenden Jahrhunderte sogar als die „Fünfzehn Jahrhunderte der Vernachlässigung".[9] Vermutlich gegen Mitte oder erst gegen Ende des Mittelalters kamen dann Bauingenieure doch wieder auf die Idee, Wasser mit ausgehöhlten Baumstämmen, den sogenannten Pipen (lat. pipa = Röhre) zu transportieren.[10] Auch wenn diese Holzrohre gerne als neues mittelalterliches Wassertransportsystem angesehen werden, so war dies meiner Meinung nach vielmehr die Wiederentdeckung der antiken Wasserleitungen.

Da das Wissen um die hygienische Bedeutung des Wassers weitgehend verloren war und die mittelalterlichen Städte im Gegensatz zu vielen antiken Städten keine geordnete Abwasserentsorgung aufwiesen, landete jeglicher Abfall und Unrat direkt auf den Straßen. Abgesehen von dem wohl fürchterlichen Gestank bot eine solche Stadt natürlich den perfekten Nährboden für Ratten, Ungeziefer, Keime und Krankheitserreger und lassen die mittelalterlichen Pestepidemien, denen schätzungsweise „[...] etwa 20 bis 25 Millionen Menschen, [also] rund ein Drittel der damaligen Bevölkerung Europas," zum Opfer fielen wohl in einem ganz anderem Licht erscheinen.[11]

2.2.1 Von der Neuzeit bis zur Moderne

Ab den 16. Jahrhundert besserte sich die Lebensqualität und die Städte wuchsen an. Da allerdings eine größere Stadt mehr Wasser benötigt, die Flüsse jedoch immer weniger Trinkwasser boten, musste man die Wassermengen auf einem anderen Weg heranschaffen. Die englische Stadt Plymouth war daher nur die erste, die das Wasser des nahegelegenem Flusses Meavy in die Stadt ableitete.[11] Die neue Pumpenmechanik bzw. die durch Wasserräder angetriebenen Kolbenpumpen ermöglichten erstmals das Fördern größerer Wassermengen aus dem Fluss, so dass die Stadt ihren Trinkwasserbedarf vorerst stillen konnte.

Als allerdings ab dem 18. Jahrhundert die industrielle Revolution einsetzte, waren die Städte schon so angewachsen, dass die geförderten Wassermengen einfach zu gering waren und nur noch schlechte Wasserqualität aufwiesen, da die Flüsse einfach aufgrund der zunehmenden Industrie und Bevölkerung schlichtweg verdreckt waren.

Um zunächst die die notwendige Trinkwassermenge zu befördern, nahm 1778 in London die erste Dampfmaschine ihren Dienst auf, die das Problem der geringen Menge allerdings wieder nur zeitweise beseitigen konnte.

---

[9] **Smith, Norman**: Mensch + Wasser. Bewässerung – Wasserversorgung. Von den Pharaonen bis Assuan,
  2. München 1978, S. 151; vgl. **Krüger, Hans-Werner**, S.28 f
[10] vgl. **http://de.wikipedia.org/wiki/Wasserleitung**, 22. Juni 2007
[11]**http://de.wikipedia.org/wiki/Pest#Der_.E2.80.9ESchwarze_Tod.E2.80.9C_.E2.80.93_die_mittelalterlichen_Pest
  epidemien**: Pest, 11. Juli 2007

Die vier schweren Choleraepidemien in England im 18. Jahrhundert, bei denen mehr als 10 000 Menschen starben, lassen jedoch deutlich auf die Verunreinigung des Wassers schließen, da diese Krankheit höchst wahrscheinlich aus dem Trinkwasser kam.[12]

Die Lösung beider Probleme lag in der Wasserfilterung und in der geordneten Abwasserentsorgung!

Ende des 18. Jahrhundert wurden die Großstädte nun allmählich wieder kanalisiert, so dass die Abwässer und das Trinkwasser getrennt von einander liefen. Wien war 1739 die erste europäische Stadt, die komplett kanalisiert war.

Erste Versuche der Wasserfilterung mit Sand und Aktivkohle erwiesen sich zwar als effizient, allerdings auch als äußerst teuer. Nichts desto trotz zeigten diese ersten Versuche eine zukunftsweisende Richtung auf und so werden gerade diese letzten Jahrzehnte des 19.Jahrhunderts als der Beginn der modernen Wasserversorgung angesehen.

Heutzutage reinigen große moderne Kläranlagen das Trinkwasser einer Stadt auf mechanische, biologische und chemische Weise. Und auch die früheren Wasserrohrleitungen, die aus anfälligem und meist gesundheitsschädlichem Metall wie z.B. Blei bestanden, wurden durch praktisch wartungsfreien und geschmacksneutralen Kunststoff ersetzt. Die Wasserqualität ist dadurch enorm gesteigert worden. Jedoch muss an dieser Stelle auch erwähnt werden, dass Verunreinigungen des Trinkwassers wohl nicht nur ein Thema der Vergangenheit sind. Heutzutage sind es synthetische Hormone wie Estradiol aus den Anti-Baby-Pillen oder eine andere von „[...] 16 Verbindungen im Trinkwasser [...]“,[13] die den Forschern Sorgen bereiten, da mögliche Folgen aufgrund fehlender Langzeitstudien noch nicht abzusehen sind. Ein positiver Trend hingegen zeichnet sich bei dem durchschnittlichen Wasserverbrauch der Bevölkerung ab. Denn dieser sank in den letzten Jahren dermaßen, dass die Grundwasserstände wieder in Deutschland gestiegen sind und eine Trinkwasserreserve vorhanden ist. Deutlich wird dies zum Beispiel an dem Berliner Wasserabsatz von 1992 bis 2006, da hier der Verbrauch von 138 Liter auf 115 Liter pro Einwohner und Tag sank.[14]

Zum Einen liegt das natürlich an der Wassereinsparung der Bevölkerung, aber zum Anderen eventuell auch an neuen zukunftsweisenden Konstruktionen, den sogenannten Regenwasseranlagen. Diese Anlagen sind noch relativ neuartig und speichern wie der Name vermuten lässt das aufgefangene Regenwasser in unterirdische Behälter. Dieses Regenwasser wird

---

[12] vgl. **Smith, Norman**, S. 184 f
[13] **http://www.boyboks.de/archiv/medikamente-trinkwasser.html**: Trinkwasser zunehmend mit Medikamenten belastet, 14. Juli 2007
[14] **http://www.bwb.de/deutsch/trinkwasser/wasserverbrauch.html**: Berliner Wasserbetriebe, 22. Juni 2007

anschließend in gewissem Maße gefiltert und in das Wassersystem eines Haushalts eingespeist.[15]

Da es jedoch noch nicht mit der gleichen Qualität des Trinkwassers aus einem Klärwerk aufwarten kann, wird es heutzutage meist nur als Nutzwasser verwendet. In der Zukunft werden diese Regenwasseranlagen aber eventuell ganze Klärwerke ersetzen, so dass sich die einzelnen Haushalte womöglich autonom mit Trink- und Nutzwasser versorgen könnten.

2.2 Die Geschichte der Heizung

2.2.1 Von den Anfängen bis zum Mittelalter

Seit der Entdeckung und kontrollierten Nutzung des Feuers hat der Mensch dieses mit Sicherheit nicht nur zur Zubereitung seiner Nahrung und zum Abwehren wilder Tiere, sondern ebenfalls zum Beheizen seiner Unterkunft benutzt. Ein genaues Datum dafür anzugeben ist natürlich unmöglich, aber aufgrund von Feuersteinen und Überresten von verbranntem Holz und Samen an einer ausgegrabenen Feuerstelle, schreiben Archäologen dem Menschen diese kontrollierte Nutzung des Feuers vor etwa 790.000 Jahren, also in der Altsteinzeit zu.[16]

Im Laufe der Jahrhunderte wurden aus den bewohnten Höhlen stabile Wohnhäuser. Die Feuerstelle war nun ein fester Bestandteil der Wohnung, also des privaten Haushalts geworden und hatte sich aufgrund eines „Lochs" in der Decke bzw. des sogenannten Rauchabzugs bewährt.

Erst 80 v.Chr. übernahm ein römischer Unternehmer eine griechische Technik zum Beheizen seiner mit Austern und Fischen gefüllten Bassins, also seiner künstlich angelegten Wasserbecken und entdeckte dabei zufällig den Nutzen für seinen eigenen Haushalt. Dies war die Geburtsstunde der ersten „richtigen" Heizung, der römischen Fußboden- bzw. der Hypokaustenheizung. Das Prinzip war zwar einfach, aber genial: „In einer Heizkammer wurde Luft erhitzt und über einen Zwischenraum unterhalb des Fußbodens in die zu heizenden Räume weiter geleitet. Später kamen noch Tonröhren in den Wänden hinzu, die die Wärme nach oben leiteten und als Rauchabzug dienten."[17]

Zwar konnten sich nur Wohlhabende dieses teure Heizsystem leisten, da aber auch öffentliche Bäder und Thermen mit diesem ausgestattet wurden, kamen auch die ärmeren Schichten in ihren Genuss. Erstaunlicherweise konnte man mit solch einer Hypokaustenanlage „Am Boden [...] Temperaturen zwischen 20 und 50 Grad [...] [und] an den Wänden [...] zwischen 18 und 30 Grad." erreichen;[18] dies hat eine wieder in Betrieb genommene Anlage in einem Limeskastell gezeigt.

---

[15] vgl. **http://www.fbr.de/thema/aufbau.htm**: Der Aufbau einer Regenwassernutzungsanlage sieht wie folgt aus:, 12. Juli 2007

[16] vgl. **http://www.wissenschaft.de/wissenschaft/news/240615.html**: Urahn vom heimischen Herd, 15. Juli 2007

[17, 18] **http://www.meinebibliothek.de/Texte/html/antike.html**: Technische Errungenschaften der Antike, 13. Juli 2007

Doch trotz der Erfindung der Hypokausten blieb die Feuerstelle die vorherrschende Heizung und als das römische Weltreich zerfiel, gerieten natürlich nicht nur wie bereits oben erwähnt die Aquädukte, sondern auch die römische Fußbodenheizung in Vergessenheit.

Im Mittelalter wichen die kalten Steinböden den angenehmeren Holzfußböden. Dies führte allerdings zwangsläufig zu einem Umdenken in der Beheizung der Wohnräume, da verständlicher Weise eine offene Feuerstelle auf einem Holzfußboden eine akute Brandgefahr darstellte. So verbannte man im 8. Jahrhundert das Feuer einfach in einen „geschlossenen" Behälter aus Metall, dem sogenanntem Herdfeuer. Da sich jedoch das Metall zu stark erhitzte und ebenfalls zu einer Gefahrenquelle wurde, kam es im 12. Jahrhundert zur Erfindung der Steinluftheizung und im 14. Jahrhundert der Kachelöfen.[20] Diese Kachelöfen kamen aus dem Alpenraum und waren mit ihrer Funktionsweise so fortschrittlich, dass sie sogar noch zu Beginn des 20. Jahrhunderts in Wohnhäusern aufgestellt wurden. Denn der Vorteil dieser neuartigen Heizung war die gleichmäßige Wärmeabgabe, da selbst nach dem Erlöschen des Feuers die Kacheln warm blieben und ihre Wärme nach außen abgaben. Der wiederentdeckte Brennstoff Kohle und der neuentdeckte Koks verbesserten den Heizwert der Kachelöfen zusätzlich und beendeten allmählich, aber nur zunächst die Ära der nur mit Holz betriebenen Heizungen. Welch wichtigen Stellenwert dieses Heizungssystem im Laufe des Mittelalter gewann und mit welcher künstlerischen Hingabe die Ofenkacheln entworfen wurden, lässt sich in dem Online-Magazin zur historischen Ofenkeramik auf der Internetseite „http://www.furnologia.de/ „ in Erfahrung bringen.[21]

2.2.1 Von der Neuzeit bis zur Moderne

Nachdem im 15. Jahrhundert der Gussplattenofen und im 17. Jahrhundert der Rundofen erfunden worden waren,[22] setzte Anfang des 18. Jahrhunderts die Epoche der neuzeitlichen Wissenschaft ein, die auch enorme Veränderungen in der Heizungstechnik mitbrachte. Während ich die Erfindung der Ofen-Luftheizung nur der Vollständigkeit halber erwähne, wurde mit der 1720 in England erfundenen Warmwasserheizung ein richtungsweisendes Heizsystem entwickelt. Zwar hatte der Schwede Marten Trifvald dieses System zum Beheizen seines Treibhauses konstruiert, da es allerdings äußerst effektiv war, verkaufte Trifvald dieses Heizsystem bald an wohlhabende Bürger.

---

[20] vgl. **http://www.bethge-installationen.de/index.php?id=109**: Geschichte der Heizung, 20. Juni 2007; vgl.
http://www.furnologia.de/furnologia/Bibliothek/bibliothek_technische_keramik/bibliothek_technische_keram ik_hs.htm: Das Online-Magazin zur historischen Ofenkeramik, 7. Juli 2007
[21] **http://www.furnologia.de/furnologia/Bibliothek/bibliothek_technische_keramik/bibliothek_technische_kera mik_hs.htm**, 7. Juli 2007
[22] vgl. **http://www.zentralheizung.de/heizung.html**: Geschichtliche Entwicklung der Heizung, 19. Juni 2007

Und auch wenn dieses System erst im 19. Jahrhundert für Jedermann erschwinglich wurde, hatte Trifvald - vermutlich ohne es zu ahnen - das Wasser als Wärmeträger der folgenden Heizungsgenerationen etabliert, denn auch heutzutage fließt oder strömt in allen Heizrohren immer noch das flüssige oder gasförmige Wasser.

Nach der Erfindung der Dampfmaschine kam es Ende des 18. Jahrhunderts auch zu den ersten Dampfheizungen, die zusammen mit der Warmwasserheizung die Basis für die im 19. Jahrhundert entwickelten Heißwasserheizungen darstellten.

Mit der Entdeckung der Brennstoffe Gas und Erdöl folgten die Gasöfen und zu Beginn des 20. Jahrhunderts die Öl – und Gaszentralheizungen. Wie bereits oben angedeutet hatte sich mittlerweile nicht nur eine Heizungsbranche, sondern auch ein Heizungsmarkt entwickelt. Als Pioniere im Heizungsbau werden heute auch die Brüder Buderus angesehen, die 1920 die ersten Pumpen-Warmwasserheizungen produzierten und so den Weg für den Einzug der Etagenheizung ebneten.[21]

Doch während die Städte Europas während des Ersten Weltkrieges weitgehend verschont blieben, änderte sich die Kriegsführung im Zweiten Weltkrieg zu einer mobileren, ohne festen Frontverlauf. Und gerade die Flächenbombardements hatten nicht nur Deutschland, sondern das gesamte Europa in Trümmern gelegt. Da jedoch auch die gesamte Logistik zerstört war, mangelte es in den folgenden Jahren sowohl an Bau-, als auch Brennmaterial. In der Nachkriegszeit wurden daher Zentralheizungen eher zweitrangig und der Vermieter überließ die Beheizung der Wohnung dem Mieter. Erst ab den 70er Jahren wurden Wohnungen allmählich wieder umgerüstet; Öl- und Gasheizungen waren nun marktführend.

Die 1.Ölkrise im Jahr 1973 machte allerdings plötzlich deutlich, dass die fossilen Brennstoffe nicht ewig zur Verfügung stehen würden, sondern endlich sind. Von nun an prägten zwei Begriffe die folgende Heizungsentwicklung und den Heizungsbau: Energieeffizienz und Umweltschutz!

Ein Symbol dafür stellt die Kennzeichnung „Der Blaue Engel" dar, die 1978 von dem damaligem Umweltminister ins Leben gerufen wurde und wohl „die erste und älteste umweltschutzbezogene Kennzeichnung der Welt für Produkte und Dienstleistungen" war.[22]

Heutzutage trägt jede moderne Heizung dieses Zeichen oder sollte es zumindest tragen.

Während Zweckmäßigkeit, Energieeffizienz und Umweltfreundlichkeit die wichtigsten Voraussetzungen für den Heizungskauf darstellten, rückt neuerdings zunehmend der „Designanspruch" in den Vordergrund.[23] Während man damals die alten weißen Rippenheizkörper

---

²¹ vgl. **http://www.bethge-installationen.de/index.php?id=109**, 20. Juni 2007

²² **http://www.blauer-engel.de/deutsch/navigation/body_blauer_engel.htm**: Der blaue Engel, 19, Juli 2007

²³ **http://www.bethge-installationen.de/index.php?id=109**, 20. Juni 2007

mehr oder weniger in Wohnungen akzeptierte, ist heute der Auswahl der Heizkörper fast keine Grenzen gesetzt: Ob in bunten Farben oder mit einer antimikrobiellen Beschichtung, ob als praktischer Handtuchhalter im glänzendem Metalldesign oder sogar als unauffälliger transparenter Glasheizkörper, der Kunde entscheidet nach seinem Geschmack. Und wo früher unansehnliche Heizungssysteme ganze Räume einnahmen, gewinnen die Mieter heute Dank kleinerer Komponenten, besserer Verarbeitung und optisch ansprechender Verkleidung zusätzlichen und ansehnlichen Wohnraum.

Aber auch der Aspekt des Umweltschutzes ist heutzutage in der Heizungsentwicklung keineswegs zum Stillstand gekommen; fossile Brennstoffe werden in Zukunft als Heizmaterial wohl gänzlich verschwinden. Die neuesten Erfindungen stellen in diesem Zusammenhang die Sonnenkollektoren und die Wärmepumpen dar.[24] Während die Nutzung der Solarenergie schon verbreiteter ist, aber heutzutage immer noch aufgrund der geringen Leistung nur in Verbindung mit herkömmlichen Heizungssystemen genutzt wird, beschreitet die Heizungsentwicklung mit der Nutzung der Erdwärme echtes Neuland. Das Prinzip dieser Wärmepumpen ist allerdings alles andere als neuartig, denn dieses System arbeitet nach dem Prinzip des Kühlschranks, nur halt in umgekehrter Funktionsweise. Denn während bekanntlich ein Kühlschrank Kälte benötigt und dafür Wärme nach außen abgibt, entzieht die Wärmepumpe dem Boden die Wärme, verteilt sie im Hausinneren und gibt Kälte nach außen, sozusagen als „Abfallprodukt" wieder ab. Zwei Heizsysteme, die zwar umweltschonend und ohne endliche Rohstoffe arbeiten, doch noch Neuheiten im Heizungsbau darstellen. In Zukunft werden diese Systeme vermutlich aber leistungsstärker bzw. effizienter arbeiten, so dass sie herkömmliche Heizungen eventuell völlig ablösen könnten.

Aber auch ein Rohstoff, dessen Ära ich oben für zunächst beendet erklärt hatte, feiert nun wieder seine Neuentdeckung. Die Rede ist von dem wohl ältestem Brennstoff Holz, der nun in gepresster Form, den sogenannten Holzpellets, in den neuartigen Pelletskesseln wieder Verwendung findet.[25] Denn zum einen ist nicht nur der Heizwert dieser gepressten Holzstückchen äußerst beeindruckend, sondern zum Anderen auch als nachwachsender Rohstoff ebenfalls umweltschonender und kostengünstiger als Kohle oder andere fossile Brennstoffe.

[24, 25] vgl. **http://www.effiziento.de/heizungssysteme_heizungen.html**: Heizungssysteme - erneuerbare Brennstoffe sind auf dem Vormarsch, 4. Juli 2007, vgl. **http://www.bethge-installationen.de/index.php?id=109**, 20. Juni 2007

III Fazit

Die Geschichte der Wasserversorgung, wie auch die der Heizung sind solch komplexe Themen, dass sich wie eingangs bereits erwähnt der Versuch der vollständigen Wiedergabe dieser Daten als unmöglich erweisen würde.

Dennoch lässt dieser sehr kurze Überblick doch meiner Meinung nach klar erkennen, dass gerade die Wasserversorgung und für nicht ganz so lange Zeit auch die Wärmeversorgung in der Antike fortschrittlicher als im Mittelalter war. Zwar besaß in der Antike mit Sicherheit nicht jedes Haus einen Wasseranschluss, geschweige denn die teure Hypokaustenheizung, aber zumindest gab es diese Erfindungen und sogar ein Abwassersystem.[26]

Im Mittelalter hingegen begnügte man sich mit Brunnen oder natürlichen Gewässern. Die schweren Pestepidemien zeigen deutlich, dass es um die hygienischen Verhältnisse alles andere als gut bestellt war. Zumindest gab es im 8.Jahrhundert notgedrungen die Erfindung des Herdfeuers.

Erst mit der Erfindung des Kachelofens im 14.Jahrhundert wurde ein Heizungssystem geschaffen, das aufgrund der fortschrittlichen Konstruktion bis ins weit ins letzte Jahrhundert eingesetzt wurde.

Während allerdings der Fortschritt in der Wasserversorgung auf sich warten ließ und erst altes Wissen neu entdeckt werden musste, entwickelten sich die Heizungssysteme in der Neuzeit kontinuierlich weiter. Und dass meine Einschätzung nicht gänzlich falsch ist, beweist wohl nicht zuletzt das 1846 nach römischem Vorbild erbaute Aquädukt von Roquefavour,[27] also mehr als 2000 Jahren nach dem Bau der „aqua Apia".

Erst die verdreckten Flüsse und die modernen Epidemien zeigten, dass nicht nur das Trinkwasser gefiltert, sondern ebenfalls das Abwasser geordnet entsorgt werden musste.

Während wir heutzutage dank modernster Filterungstechnik gerade in Deutschland eine ausgezeichnete Trinkwasserversorgung und –qualität haben, werden die modernen Heizungssysteme ebenfalls immer „sauberer" bzw. umweltschonender. Während allerdings der Wasserhahn wohl immer ein Teil des Haushalts bleiben wird, werden in Zukunft vermutlich auch die letzten Heizungssysteme aus dem Haushalt verschwinden und nur noch an den designten Heizkörper zu erahnen sein.

Schlussendlich wird wohl irgendwann nur noch ein flackerndes Kaminfeuer an die Zeit erinnern, als man noch um eine Feuerstelle saß und für frisches Trinkwasser nicht einfach in die Küche, sondern zum nächsten Brunnen laufen musste.

---

[26] vgl. **Lingen, Helmut**, S. 279
[27] vgl. **Smith, Norman**, S. 194 ff

IV Anhang

4.1 Literaturverzeichnis

http://www.bethge-installationen.de/index.php?id=109: Geschichte der Heizung, 20. Juni 2007

http://www.boyboks.de/archiv/medikamente-trinkwasser.html: Trinkwasser zunehmend mit Medikamenten belastet, 14. Juli 2007

http://www.bwb.de: Berliner Wasserbetriebe, 22. Juni 2007

http://www.effiziento.de/heizungssysteme_heizungen.html: Heizungssysteme - erneuerbare Brennstoffe sind auf dem Vormarsch, 4. Juli 2007

http://www.fbr.de/thema/aufbau.htm: Der Aufbau einer Regenwassernutzungsanlage sieht wie folgt aus:, 12. Juli 2007

http://www.furnologia.de/furnologia/a_hauptseiten/hauptseite.htm: Das Online-Magazin zur historischen Ofenkeramik, 7. Juli 2007

http://www.kristian-buesch.de/seven_wonders_of_the_world/semiramis.htm: Die sieben Weltwunder der Antike. Babylon, 22. Juni 2007

http://www.leibniz-gymnasium.de/upload/projekte/alltag_rom/wasser/leitungen.html: Die Wassernutzung im alten Rom; 14. Juli 2007

http://www.meinebibliothek.de/Texte/html/antike.html: Technische Errungenschaften der Antike, 13. Juli 2007

http://www.trinkwasser.ch/: Trinkwasser. santé. eau potable. acqua potabile, 22. Juni 2007

http://de.wikipedia.org/wiki/Pest#Der_.E2.80.9ESchwarze_Tod.E2.80.9C_.E2.80.93_die_mittelalterlichen_Pestepidemien: Pest, 11. Juli 2007

http://de.wikipedia.org/wiki/Wasserleitung: Wasserleitung, 22. Juni 2007

http://www.wissenschaft.de/wissenschaft/news/240615.html: Urahn vom heimischen Herd, 15. Juli 2007

http://www.zentralheizung.de/heizung.html: Geschichtliche Entwicklung der Heizung,
19. Juni 2007

Krüger, Hans-Werner: Trinkwasser. Ein Lebensmittel in Gefahr, Frankfurt/M. /Berlin/ Wien 1982

Lingen, Helmut: Auf den Spuren versunkener Reiche. Glanz und Rätsel großer Kulturen, Köln 2005

Smith, Norman: Mensch + Wasser. Bewässerung – Wasserversorgung. Von den Pharaonen bis Assuan, 2. München 1978